彩繪糖霜手工餅乾

星 野 彰 子

基本的糖霜分為兩大類：

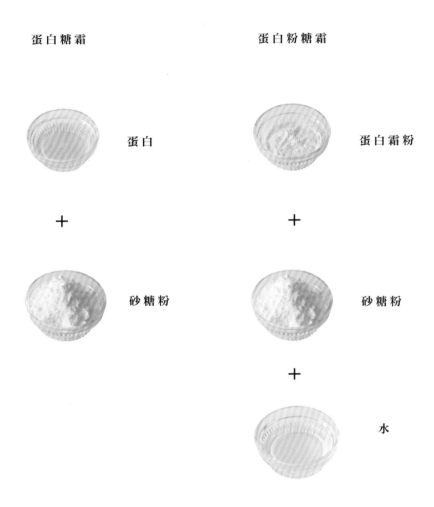

蛋白糖霜 　　　　　　　　　蛋白粉糖霜

蛋白 　　　　　　　　　蛋白霜粉

＋ 　　　　　　　　　＋

砂糖粉 　　　　　　　　　砂糖粉

＋

水

使用天然色素，
繪出各種美麗的色彩。

7種繪圖的基本技法

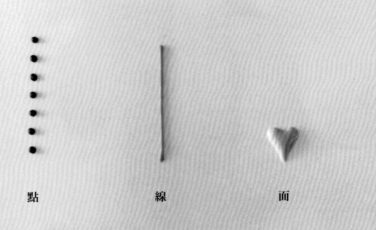

點　　　　　線　　　　　面

水玉點點　　　　針織紋　　　　大理石紋　　　　網格織紋

擠出糖霜描繪圖例的外框，
即可畫出可愛的糖飾。

簡 單 製 作 出 許 多 可 愛 的 彩 繪 糖 飾 。

CONTENTS

Step1
跟著製作的步驟，
一起學作糖霜吧！

Step2
組合「點・線・面」，
在餅乾上繪出圖案吧！

Step3

組合各種不同紋路，
在餅乾上繪出圖案吧！

Step4

在特別日子
傳遞情意の糖霜餅乾

本書的使用方法

・計量單位：1大匙15ml、1小匙=5ml。蛋白的份量請以磅秤量測。

・以蛋白製作的糖霜手工餅乾，保存期限較市售餅乾短，請盡早食用完畢。

・本書使用電子烤箱烘烤餅乾，烤箱的溫度及烘烤的時間都會因為烤箱的機種不同而略有差異，
　使用時請依所使用的烤箱來調整時間及溫度。

本頁的圖案及描繪方法，請詳見P.41。

前言

開設Sugarcraft（起源於英國的砂糖工藝）教室已歷時10年之久。砂糖粉與蛋白混合後會形成「糖霜」及比糖霜更加黏稠的「翻糖」，以糖霜＆翻糖來製作蕾絲紋或刺繡風裝飾的糖飾技法稱為Sugarcraft。

許多烘焙教室的學生為了慶祝節日或記念日，特別至烘焙教室學習製作蛋糕。然而會開始製作糖霜餅乾，則是在開教室教學前。有一位已經擁有結婚蛋糕的新娘曾問我：「除了蛋糕之外，可以再幫我製作一些回禮用的餅乾嗎？」便開啟了我製作「ICING COOKIES 糖飾餅乾」的契機。

在此之後，陸續接到許多製作贈禮用的餅乾的訂單。除了烘焙教室之外，其他活動也曾邀請我主講餅乾製作教學課程，因此接觸餅乾烘焙的機會也變得就越來越多了。我常一邊製作一邊思考：「有沒有不論是誰都能輕易上手的餅乾製作方法呢？」於是誕生了「在圖案上放上蛋糕底板，以糖霜描繪輪廓，等到乾燥後，再黏貼在蛋糕上」的簡單方法，這個方法是一種稱為「runout（流動狀態）」的裝飾技法。在本書中介紹了此種簡單的技法，再加上我自行研發的變化手法，便可以輕鬆製作可愛的設計餅乾。

因為書中附有許多的「圖案」，看起來很像可愛的繪圖本，即使對畫圖不是很在行的人，都可輕易地依照書中的圖案，描繪作出模樣可愛的餅乾。習慣了基本技法之後，不妨可以開始創作屬於自己的專屬圖案，將這些圖案製成可愛的糖飾，再將這些可愛的糖霜「畫」裝飾在餅乾上，將您珍藏的貼紙黏貼在包裝上作點綴，愉快的製作過程會讓人越來越著迷呢！最後我衷心的期望，本書介紹的製作糖霜技法能廣泛地被更多人知曉且運用。

星野彰子

Step 1

跟著製作的步驟，一起學作糖霜吧！

糖霜的製作方法可分為蛋白糖霜＆蛋白粉糖霜，
以自己喜愛的方式來製作，只要掌握基本紋樣及圖案的繪畫方法，
即可作出任何您喜愛的圖案喔！

製作前先準備所需的材料＆工具

糖霜的製作方法十分簡單，除了蛋白及蛋白粉之外，所需的材料就只剩砂糖粉、水、可食用著色材料。在製作、繪圖時，為了避免糖霜乾燥硬化，必須快速地完成所有動作。因此，事先準備好所需的材料，即可順利地一口氣製作完成喔！

〔材料〕

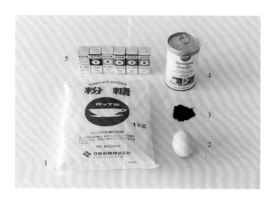

〔各種不同裝飾〕

金銀糖球、金箔糖粉、水果乾……都可以裝飾在糖霜上，營造華麗感。金銀糖球以夾子夾起擺放裝飾。

金銀粉可以直接撒在糖霜上；水果乾則切細後裝飾。

1 砂糖粉（粉糖）：使用無添加太白粉的砂糖粉，亦可選擇更容易製作的寡糖砂糖。

2 蛋：選擇S尺寸的蛋，取蛋白使用。每一顆蛋的份量都不盡相同，請以磅秤測量所需的量後，再行操作。

3 可可粉：糖霜著色時使用。請選擇無糖的可可粉。

4 蛋白粉：為了使蛋白乾燥，添加了太白粉或者讓泡沫更加細緻且持久的蛋白粉末，稱為蛋白粉，本書使用Wilton公司生產的蛋白粉。

5 食用色素：糖霜上色時使用。食用色素主要分為純植物萃取的天然色素及石油加工的合成色素，本書使用的食用色素為粉紅色、紅色、黃色、紫色、綠色、藍色等6種天然色素。

〔製作糖飾時使用的工具〕

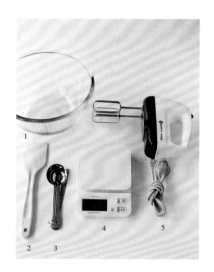

1 容器：因為會使用到電動攪拌器，建議選擇直徑21cm左右的圓形容器即可。

2 橡膠刮刀：充分混合攪拌蛋白、水、砂糖粉，或讓糖霜可以更加柔滑時使用。

3 量匙：量測蛋白粉時使用

4 磅秤：量測砂糖粉及蛋白時使用，建議使用電子磅秤。

5 電動攪拌器：本書中使用的速度為中速。強度約一般1至5的「3」較為適合。

〔描繪糖飾時使用的工具〕

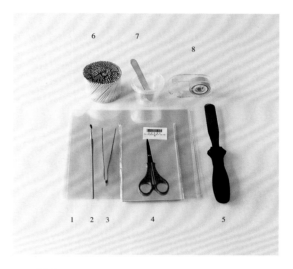

1 蛋糕底紙（OPP sheet）：放在圖案上面描繪圖畫時使用。有各種不同的尺寸，請配合圖案剪裁出適合的大小、可於烘焙材料店購買。圖示中的蛋糕底紙尺寸為20cm×20cm及8.5cm×17cm。

2 烘焙用小毛筆：修正糖霜的角度及線條時使用。使用前請以水沾濕。

3 夾子：將線條較細的糖霜或糖球等放到餅乾上作裝飾時使用。

4 剪刀：裁剪蛋糕底紙或擠花袋口時使用。選擇刀刃較細的剪刀較容易使用。

5 調色刀：攪拌添加色素的糖霜或將糖霜裝進擠花袋時使用。本書使用的調色刀寬度為2cm，亦可以奶油抹刀或筷子代替。

6 牙籤：抹平糖霜表面的氣泡或修正細微部位時使用。

7 迷你塑膠杯&湯匙：融化食用色素或糖飾上色時使用。

8 透明膠帶：製作擠花袋時使用。

■ 糖 霜 的 基 本 作 法

蛋白糖霜的作法

使用蛋白就可以輕鬆地製作完成。蛋的大小各有差異，即使依照材料表選擇S尺寸的蛋，也請確實量測30g的蛋白。完成的蛋白糖霜請於4至5日內（需冷藏）食用完畢。

材料（容易製作的份量）

砂糖粉 180g
蛋白 30g
（S尺寸的蛋1顆份）

1
在沒有沾上任何水分或油漬的容器上放入砂糖粉，再倒入蛋白。

2
以橡皮刮刀將砂糖粉及蛋白充分攪拌均勻。

③
電動攪拌器以中速攪拌5分鐘，使材料呈現白色有光澤狀。

④
攪拌至攪拌器拿起時，糖霜不會從角邊落下的硬度。如果糖霜仍呈軟滑狀，請再加入砂糖粉（份量外）。

⑤
以刮刀將材料攪拌約10秒鐘，此時附著在容器壁上的糖霜也一併以刮刀刮下，充分攪拌均勻。

⑥
攪拌至呈現光滑狀，且以刮刀撈起也不會掉落時就完成了。

＊糖霜接觸到空氣會慢慢乾燥硬化，製作完成後請覆蓋保鮮膜。

■ 糖 霜 的 基 本 作 法

蛋白粉糖霜的作法

此糖霜的製作不使用生蛋白，因此大概可以保存兩週（冷藏保存）。蛋白粉糖霜即使添加香料還是可以保持很輕盈的口感，若不想使用生蛋白，可改以蛋白粉製作。

材料（容易製作的份量）

砂糖粉 190g
蛋白粉 1 大匙
（可以乾燥蛋白替代）
水 30g

1

在容器內放入所有的材料，以橡皮刮刀充分攪拌至水與砂糖粉混合均勻。

2

電動攪拌器以中速攪拌5分鐘，使材料整體呈現白色有光澤後，再以橡皮刮刀充分攪拌。

3

攪拌至呈現光滑狀，且以刮刀撈起也不會掉落時就完成了。如果糖霜仍呈軟滑狀，請再加入砂糖粉（份量外）。

■ 判別糖霜的濃度

以糖霜繪製不同的紋樣或圖案，糖霜的硬度有不同的需求。紋樣圖案收邊時以「硬」的糖霜；繪畫表面時以「中等」的糖霜；將表面氣泡補平時以「軟」的糖霜。糖霜的軟硬控制在濃度上，基本的糖霜在完成時，就是「硬」的糖霜，先將「硬」糖霜取出裝入杯子後，依比例加入水，即可製作出「中等」及「軟」的糖霜。

● 硬糖霜	● 中等糖霜	● 軟糖霜

基本糖霜完成後，不需再添加水分的糖霜就是硬糖霜的濃度。在糖飾的邊緣畫出明顯的線條時使用，此外，亦於將糖飾黏貼至餅乾上時使用。	擠出糖霜時不會像水一樣滴落或擴散開的濃度即為中等糖霜。使用在沒有邊緣線條的糖飾表面，此外，亦於將糖飾黏貼至餅乾上時使用。	拉起攪拌棒時，糖霜會緩慢落下的濃度即為軟糖霜，於填補表面圖案時使用。

■ 糖霜的保存方法

將完成的糖霜放入密閉的容器中，再以保鮮膜緊緊的密口，蓋上蓋子後放入冰箱冷藏或冷凍。放入冷藏保存，蛋白糖霜約可保存4至5天；蛋白粉糖霜約可保存約2週。放入冷凍保存，蛋白糖霜可保存1個月；蛋白粉糖霜約可保存2個月。但是要使用冷凍的糖霜時，須從冰箱中取出解凍，再以刮刀充分攪拌至糖霜恢復冷凍前的狀態後，再進行製作。

＊改變了濃度的糖霜，若放置一段時間，成分就會開始分離（特別是軟糖霜），因此請在當天使用完畢。

■ 調色方法

完成的糖呈白色，可依繪圖需求調合色彩。使用食用色素時，先添加少量的水溶解色素粉後，再加入糖霜調配所需顏色。使用可可粉時，可直接與糖霜混合，即可作出可可色糖霜。

● 使用食用色素時（容易製作的量）

1
在迷你塑膠杯中加入各3匙食用色素及水後，以湯匙攪拌混合均勻。

2
在另一個迷你塑膠杯放入30g的糖霜，加入少量的步驟1。

3
以湯匙充分攪拌混合。

● 使用可可粉時（容易製作的量）

1
在迷你塑膠杯中放入30g的糖霜後，撒入1小匙再多一點的可可粉。

2
以湯匙充分的攪拌混合，若太乾硬可加入少量的水作調合。

★食用色素

如果要以色素調色時，只要使用基本三原色（藍、紅、黃）即可調配出紫色或綠色。天然色素依混合的比例不同，會變化出更多的漂亮顏色，因此購買天然色素時，建議先購齊純粹的綠色及紫色，再依色彩比例調配使用。

★一次準備多種顏色

請選擇容易清洗的迷你塑膠杯作調色，可使調色過程更輕鬆愉快喔！因為紙杯會吸收水分，若調色過程需時較長，則紙杯就不符使用。

本書使用的天然色素及混合配色皆為柔合色調。請參考以下色彩樣本，動手組合自己喜歡的顏色。另外，紫色比較不易顯色，使用的量太少則會變為灰色，因此以下色彩樣本中不放入淡紫色。

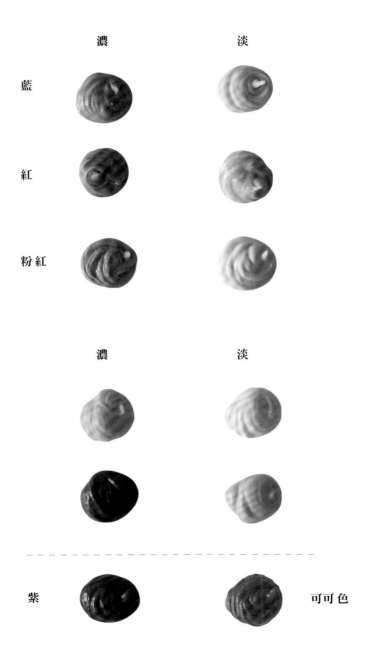

■製作擠花袋・填裝・擠花

將蛋糕底紙（OPP sheet）裁切成三角形後，捲起成錐形，在袋子的尖端剪出開口，裝上擠花口金，填裝糖霜後，即可擠出糖霜。

●作法

① 將蛋糕底紙（20cm×20cm）沿著對角線對摺後，裁切成2個三角形。

② 將三角形最長邊中心作為頂點，將紙呈三角錐狀的捲起。

③ 完成三角錐狀後，以透明膠帶黏貼固定。

完成了！

● 裝填糖霜方法

① 糖霜充分攪拌後，以調色刀舀起約一大匙，裝入擠花袋中。

② 黏貼膠帶的另一側，盡量不要讓空氣進入擠花袋中，並將手邊這一側的蛋糕底紙往前折入。

③ 再從上方將貼著膠帶的一側往前捲起，最後再以透明膠帶固定。

完成了！

套入擠花口金時，請將擠花袋前端尖嘴2cm位置剪掉後，擠花口金放入擠花袋中裝上。

● 擠出糖霜

・剪去擠花袋尖端

依照剪掉的長度部分不同，擠出來糖霜的粗細也會跟著大小不同。

・裝上擠花嘴

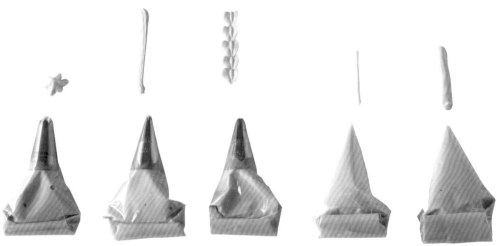

基本款擠花嘴（左起）

花型擠花嘴⋯外徑18 mm×高35 mm×口徑5mm

（使用於P.81杯子蛋糕風餅乾）

八角星形擠花嘴⋯外徑18 mm×高35 mm×口徑4.5mm

葉子擠花嘴⋯外徑18 mm×高35 mm×口徑5mm

（使用於P.50小花提藍與花圈的葉子）

擠花過程中若有需要中斷作業時，為了不讓糖霜乾硬，請以濕毛巾或保鮮膜覆蓋。如果直接放置在室溫下，糖霜會硬化無法使用，所以請務必進行保濕。

■紋樣描畫方法

以糖霜描繪紋樣時，首先學習掌握8種不同的線條紋樣，再配合圖案將基本的線條紋樣組合起來即可，如此一來，都能隨心所欲地繪出喜歡的圖案，作成糖飾裝飾在餅乾上囉！本書為了初學者也能成功繪出自己想要的圖案，介紹了紙型圖案上擺放透明蛋糕底紙（OPP sheet），再以糖霜描繪輪廓的簡單方法。

●描繪「點」（使用硬糖霜）

① 在圖案上放上蛋糕底紙，將剪去前端的尖嘴擠花袋，在圖案上擠出糖霜。

② 數秒後，再以沾濕的細水彩筆輕沾圖形，使表面成型得更加漂亮。

●描繪「線條」（使用硬糖霜）

① 在圖案上擺放蛋糕底紙。將擠花袋尖嘴位置裁掉後在圖案上擠出糖霜。擠出糖霜後，請如圖將擠花袋的尖嘴部份輕輕地抬高。

② 線條的終點位置時，請讓擠花袋的端尖嘴部分牢靠在蛋糕底紙上。

★以細水彩筆輕輕沾濕水分即可。特別注意細水彩筆上的水分如果太多，會導致糖霜容易倒塌不能成型，因此每次使用細水彩筆，須先將上頭的水分充分地壓乾，以確保筆毛上的水分不會過多後，再行使用。

● 描繪「表面」……較小面積時
（使用軟硬度中等糖霜）

● 描繪「表面」……較大面積時
（使用硬糖霜&軟糖霜）

 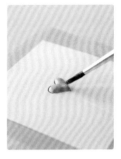  

1
在圖案上放上蛋糕底
紙。剪下擠花袋的尖
端部分後，擠出糖
霜填滿圖案表面。為
了讓糖霜不溢出圖案
外，請以左右移動的
方式填滿圖案。

2
以沾濕的製菓細水彩
筆將圖案表面整型的
更加漂亮。

1
在圖案上放上蛋糕底
紙，剪下擠花袋的尖
端部分後，擠出硬糖
霜來描繪輪廓，待糖
霜稍乾後，再以軟糖
霜填滿大表面。

2
以牙籤拉繪圖案，將
整個表面填滿。

● 描繪大理石紋
（使用軟糖霜&硬糖霜）

 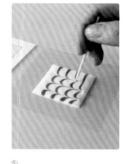  

１
請參考P.23「描繪表面……較大面積時」的說明，以白色的糖霜描繪輪廓後，填滿輪廓內部，在糖霜尚未徹底乾燥時，以不同顏色的軟糖霜繪出線條。

２
以牙籤將線如切斷般，等距拉線。

３
另一個方向亦以同樣的方式拉線，便可輕鬆完成大理石紋的糖飾。

● 描繪水玉點點
（使用軟糖霜&硬糖霜）

１
請參考P.23「描繪表面……較大面積時」的說明，製作基底糖飾。依照圖示，取不同顏色的軟糖霜，製作水玉點點的圖樣。

● 描繪針織紋樣
（使用硬糖霜）

1

在圖樣上放上蛋糕底紙，由邊邊的第一條直線開始，擠出糖霜往第二條線畫出一條斜線。

2

再由第二條直線開始，擠出糖霜向第一條斜線交叉畫出「×」一樣的交疊線，不同的重複這樣交叉的動作。

● 描繪網格織紋
（使用軟糖霜）

1

在圖樣上（與針織紋樣相同作法）放上蛋糕底紙，由邊界線至第二條線，以糖霜等間隔擠出數條橫線，橫線畫到底部後，再畫出一條直線。

2

朝著第三條直線的方向，在橫線與橫線之間，再畫出另外一條橫線，然後重複橫線繪製動作。

■圖案的描繪方法

製作P.38的變裝小熊的重點在於收邊，在圖案上擺放蛋糕底紙後，先填滿表面，接著先乾燥一次，再依圖案或圖示作收邊及拉裝飾的紋樣後，作品即可完成。請參考附錄圖案，選擇喜愛的裝飾圖案作法或顏色來完成糖飾。此外，直接在基底糖霜平面上繪製紋樣，較容易失敗，因此可將完成的糖霜先以別張蛋糕底紙，放置乾燥後，再黏貼至基底糖霜上即可，但是細緻的線條容易斷裂、不容易黏合，所以線條建議直接畫上，避免黏貼失敗。如果基底糖霜表面不夠平坦，組合糖飾還是有些困難度，需特別留意。

● 裙子的作法（使用硬糖霜&軟糖霜）

1
在圖案上擺放蛋糕底紙，以硬糖霜描繪輪廓。

2
等線條稍乾後，在輪廓內部填入軟糖霜。

3
利用牙籤將有空隙的部位拉畫填滿。待整體表面描繪完成後，放置5分鐘自然乾燥。

4
參考圖示，以硬糖霜畫出圖樣裝飾。

5
繪圖完成後，進行二度乾燥。夏天大概需自然乾燥1天，冬天約需要半天時間（日本冬天較夏天乾燥）。

6
自然乾燥完成後，將糖飾從蛋糕底紙上拿起。如果無法直接拿起，表示糖霜尚未完全乾燥。

7
在餅乾的中間位置擠上少量的硬糖霜後，放上從蛋糕底紙取下的糖霜作裝飾，再放置至自然乾燥就完成了。

● 花朵的作法（使用硬糖霜）

1
在圖案上擺放蛋糕底紙，擠出糖霜繪出花心部位。

2
以沾濕的細水彩筆抹平糖霜有角度的部分。

3
在步驟1的旁邊拉出小花瓣。

4
與步驟2的動作相同，以細水彩筆調整表面的形狀。

5
放置乾燥。因為圖形較小所需的乾燥時間比裙子來得短。

6
乾燥後畫上笑臉。

7
在餅乾的正中央擠上一點硬糖霜後，將花朵裝飾至餅乾上，再放置乾燥。乾燥時使用墊板較方便作業。

★乾燥糖霜時，放在墊板上較為便利

糖霜乾燥時，須將糖霜擺放於平坦之處。將糖霜放在墊板上，欲移動糖霜時也較為輕鬆。如果需要同時乾燥許多糖霜，可預先多準備幾個墊板，即可使作業更為方便喔！

★乾燥糖霜時，若置於不平坦處容易導致失敗！

如果糖霜在乾燥途中突然移動，會如圖示般出現凹曲或破碎的現象。由此可知，在濕氣低且平坦之處乾燥糖霜為製作成功的重點呢！

■ 基底餅乾的作法

糖霜以蛋白製作，而蛋黃可以拿來製作餅乾，完整地使用一顆雞蛋，這樣才不會浪費材料喔！製作餅乾的重點在於擀麵時，呈現厚薄一致。以下要介紹在餅乾表面製作糖霜時，不會讓圖案跑位變形的方法，一起來作表面平坦的基底餅乾吧！

材料（容易製作的份量）
無鹽奶油　95g
砂糖粉　70g
蛋黃　1個
香草精　2至3滴
低筋麵粉　200g

準備
・將奶油在室溫中溶化回復常溫狀態。
・烤箱預熱至170℃。

※如果要製作可可亞麵團，請加入2大匙的可可亞粉，並將無鹽奶油調整為100g。
※如果要製作肉桂麵團，請加入5g的肉桂麵團，改以70g的紅糖取代砂糖粉。

1
將無鹽奶油放入容器，並以塑膠刮刀攪拌至光滑的奶油狀。

2
在步驟1中加入砂糖粉（若要製作肉桂麵團，請以紅糖取代），與奶油充分攪拌均勻。

3
加入蛋黃及香草精後，繼續攪拌混合。

4
將低筋麵粉過篩至混合好的材料內。若要製作可可亞麵團，請加入可可亞；若要製作肉桂麵團，請加入肉桂粉。

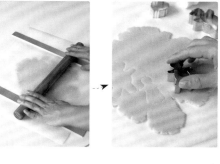

⑤
以手快速將麵團揉成鬆散狀態。

⑥
揉合麵團後，以保鮮膜包覆再放入冰箱冷藏15分鐘。

⑦
將烘培紙鋪於工作檯上，放上1/3麵團（一次使用的份量），在麵團上方覆蓋另外一張烘培紙，以擀麵棍將麵團擀開。擀麵時，請在麵團兩側擺放墊高板（厚度約3mm），可使擀出麵團的厚薄一致。使用餅乾模具壓出所需的形狀。

⑧
以模具壓紋完成之後，輕輕拔模。

⑨
將拔模後的麵團連同烘培紙一起放入烤盤中，以170℃的烤箱烘烤10至15分鐘。

⑩
烘烤完成後，以平底的鐵盤輕壓按壓餅乾表面，讓餅乾表面更平坦。

完成了！

＊若想要更順利拔模，可先放入冰箱冷藏，以降低麵團的延展性，由冷藏取出後置於常溫下稍稍軟化即可順利拔模。

★ 使用市售的餅乾也是一種方法喔！

市售的Biscuit餅乾有很多可愛造型，可依喜好選擇動物形狀或其他特別紋樣。只要試著動手在上面裝飾上糖霜，Biscuit餅乾即可變身為人氣的糖霜餅乾，可愛度倍增呢！當然自己手工製作餅乾非常棒，不過使用造型百變的市售Biscuit餅乾，更賦予糖霜餅乾不同變化喔！

妝點上廚師圖樣的糖霜小熊造型餅乾與寫上童趣繪文字糖霜的Biscuit餅乾。

特別推薦右圖這兩種市售Biscuit餅乾，其表面較硬且較為平坦。相較一般餅乾的酥脆、容易破碎，Biscuit餅乾比較適合用來製作糖霜餅乾。

Step2

組合「點・線・面」，在餅乾上繪出圖案吧！

以下介紹基本糖飾的描繪方法。
單純以點、線、面三個簡單的手法，
即可隨意變化出超多可愛的圖案、數字及英文字母等糖飾。
只要學會這三種簡單的手法，
就可以享受製作糖霜餅乾的實感趣味囉！

【點＋線＋面】
寶寶の笑臉

圖案＆畫法詳見P.41

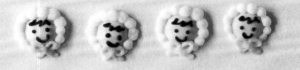

可愛的微笑寶寶四兄弟。
以「點」繪製帽子的部位，再描繪上臉部表情就完成囉！

將柔和的童趣圖案的糖飾裝飾在餅乾上，
為剛生下小Baby的好朋友獻上祝福吧！

【面】
數字123 ＆英文字母ＡＢＣ

圖案＆畫法詳見Ｐ.42至Ｐ.43

讓算數遊戲更加有趣的數字糖飾。
「哪一個是5呢？」
一邊跟小朋友玩遊戲，一邊享受餅乾的美味！

ABCD FG
HIJK MN
PQRSTU
WXYZ
& LOVE !?

展現設計趣味的ABC英文符號糖飾。
隨意組合繪文字來傳達你的心意吧！

【面＋線＋點】
森林の小鹿

圖案＆畫法詳見P.44

以在森林中奔跑跳躍的小鹿為主體的糖飾。
利用「點」與「線」細緻地描繪葉子邊緣是製作的訣竅！

【面＋線＋點】
蕾絲&緞帶の圖樣

圖案&畫法詳見P.45

以糖霜拉出蕾絲跟緞帶，裝飾四角形或圓形的餅乾。
白色與綠色和諧又巧妙的雙色搭配，使圖案更富有層次變化。

37

以【面＋線＋點】
小熊の變裝party

圖案＆畫法詳見P.46至P.47

「想要穿這件衣服！」
「人家要這個搭配這個！」
小熊們的變裝Party要開始囉！

以孩子的畫作，製成糖霜餅乾！

將小朋友在繪圖本上的隨手塗鴉製成糖霜餅乾，真是
再適合不過了！小孩子天真可愛的文字及圖畫，讓人
心頭不由得暖和起來，單純的畫風更有著大人模仿不
來的天真活潑呢！左圖上的糖飾圖樣就是在我家孩子
的圖畫本上發現的畫作，簡單的線條繪出朋友的笑顏
及可愛的文字，試著搭配手工餅乾，製作出多麼可愛
的糖霜餅乾呀！有一天將這些餅乾擺到餐桌，家裡的
小朋友看見後非常興奮「啊！這是我畫的圖呢！小
廣、小順，這個是大和還有小美代……」看到小孩開
心的臉龐，我也忍不住跟著開心了起來。如果將繪圖
本上的塗鴉都作成實體餅乾，小孩和大人一定有許多
聊不完的話題，請您務必一定要動手試看看喔！

P.32至P.33圖案&畫法Point

中間臉部是由淺紅色混合黃色所調合出的顏色。

這個部位的線條很細微，很容易斷掉製作上請注意。

鴨嘴部位為深黃色加上少量的紅色調合出的顏色。

翅膀部分為由外側往內側繪製完成。

請先繪出奶瓶及奶嘴的基本形體後，再以線條重疊製作。

雖然圖案只有一個，但是製作成一雙襪子會更加可愛喔！

這個部位以顏色分色製作完成後，再將線條重疊製作。

擠出密集的糖霜點點後，在表面上作出Biscuit餅乾的感覺。

先擠出白色的糖霜，再將「點」與「線」重疊組合。

先把填滿表面的顏色後，再將線條重疊連接在一起。

先製作出娃娃車的基底部分後，再連接「點」與「線」繪出圖樣。

先分別擠出區塊的顏色後，再將「點」與「線」重疊組合。

最單純且可愛的圖案，可隨意享受顏色搭配的樂趣。

臉部及身體部位製作完成後，再疊放上耳朵、嘴巴及手腳部位。

袖子及下擺的點點荷葉邊在乾燥取下後，容易變成不連接的分開狀態，所以在擠出糖霜時，請務必要讓點點緊密黏合在一起。

先作出臉部、身體及帽子後，再以點點連接組合出完整的圖樣。

以較粗的線條繪製,為初學者得簡單入門款,
待圖形繪製較熟練後,可依需求調整線條的粗細。

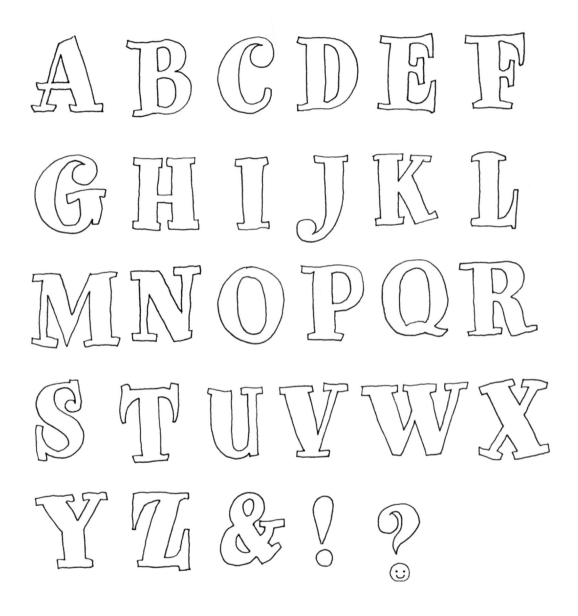

以上的圖案跟數字一樣，以略粗的線條來繪製。
在輪廓內填滿軟糖霜時，請注意氣泡的產生喔！

P.36圖案&畫法Point

以餅乾模型描繪圖案的作法：將模型（小鹿及葉片造型的模型）放在紙上，
以筆（食用色筆）在模型的內緣描出圖案。將模型拿開後，
在線的內側以糖霜描繪輪廓，最後在輪廓內擠入糖霜，製成糖飾的圖案。

44

P.37圖案&畫法Point

請參考P.23的「描繪表面⋯⋯較大面積時」的填滿方式，
製作圓形及四角形的表面，
待表面乾燥後，再重疊上點與線即可完成。

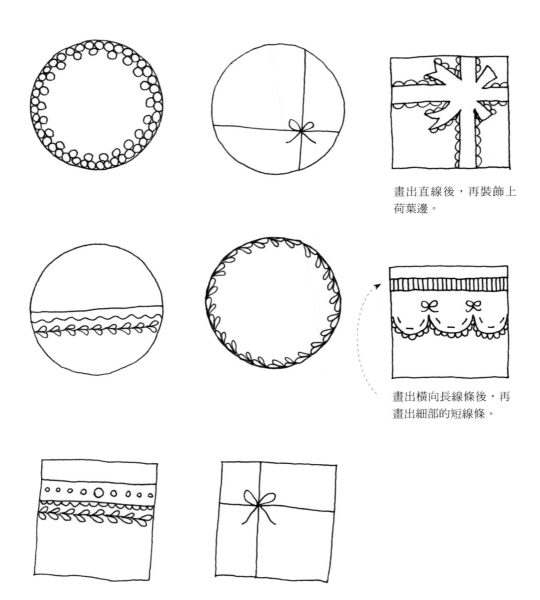

畫出直線後，再裝飾上
荷葉邊。

畫出橫向長線條後，再
畫出細部的短線條。

P.38至P.39的圖案與畫法Point

描繪出衣服的輪廓後，再填滿大面積的空白處。
因為輪廓線最終會被覆蓋住，所以任何淺色的線
皆可。將衣服的輪廓修邊後，參考圖示以「點」
及「線」作裝飾。

因為餅乾的表面範圍較廣，填滿時請不要讓氣泡進入。如果在製作途中有氣泡浮出，以牙籤戳破它。

送出最特別的禮物「糖霜手工餅乾」！

親手送出一定會讓收到的人心動不已、忍不住欣喜的
糖霜餅乾吧！在餅乾運送時，為了避免糖霜部分因碰
撞而損壞，請將餅乾放入玻璃瓶或塑膠容器內。選擇
透明的容器裝入可愛的糖霜餅乾，光是擺放在桌上，
便能使人心情愉悅起來，更是下午茶饗宴中最迷人的
裝飾甜點。不需要刻意包裝，只要看到餅乾上精緻的
造型糖飾，即可傳達送禮人滿滿的心意呢！

Step3

組合各種不同線條，在餅乾上繪出圖案吧！

以下介紹進階版糖霜繪製技巧。

上一章學會「點‧線‧面」後，

接著進一步挑戰繪製水玉點點、心形及編織紋樣的糖霜吧！

設計了花、夏日、交通工具、暖洋洋の針織物……多款圖案，

請試著組合出更多不同種類的圖樣吧！

花
以擠花嘴繪製【點＋線＋網格織紋】

裝飾在花圈及花藍上的小花都是以糖霜製作而成的小糖飾。
讓我們將一朵朵小花兒細心地裝飾上去吧！

【面＋線＋點】紋路＆花瓣

將糖霜繪製而成的花瓣組合圖樣貼在餅乾上，
讓餅乾更加繽紛華麗。

P.50至P.51圖案&畫法Point

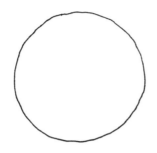

將花圈及裝飾小花分開製作。
花圈的部分請以葉子形狀的擠
花嘴沿著花圈的輪廓擠出一圈
後，乾燥後再黏貼裝飾小花

提把部分的點點紋樣要緊密地
黏合在一起。若製作上還沒有
很熟練，可以擠出較大的點點
紋樣。籃子製作完成後，以葉
子形狀的擠花嘴擠出葉片糖
霜，再裝飾上預先製作好的花
朵即可。

瑪格麗特（小雛菊）：
花瓣部位由外側往內側
擠出糖霜製作，最後擠
出花心就完成了！

莓果：糖霜乾燥完成要
取下時，請注意不要分
離成一顆顆。在擠出糖
霜時，將點點緊密結
合、不留空隙為製作的
訣竅。

紫羅蘭：深紫色的糖霜
容易染色、溢色，須等
糖霜完全乾燥後，再與
其他糖霜重疊組合。

小花瓣可以八角星形切
口的擠花嘴繪製。將擠
花袋直立與蛋糕底板呈
垂直，再擠出糖霜即
可，再以製菓用細水彩
筆調整形狀即可。

請分開製作基底的圓形
與花瓣,細小的點點可
直接擠上糖霜即可。

最外層花瓣請以中等濃度的
糖霜製作。以像是要溢出花
瓣輪廓般擠出較多的糖霜,
再尚未乾燥時以沾濕的製菓
細水彩筆往花瓣中心位置延
伸,將糖霜補平花瓣,外側
花瓣製作完成後,以相同方
法來製作內側花瓣。

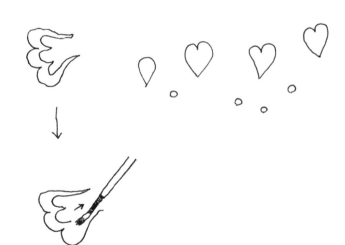

夏日
【面＋線＋點＋大理石紋＋水滴】

色彩燦爛&充滿夏日氣息的糖霜餅乾。
要穿哪一雙呢？

比基尼女孩排排站！
畫出水玉點點及大理石紋樣，
讓比基尼更加繽紛多樣。

P.54至P.55的圖案&畫法Point

先製作小花涼鞋的表面
後，再畫上鞋帶的線
條，最後黏貼事先完成
的小花兒便大功告成。

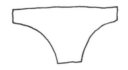

比基尼底圖

 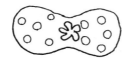 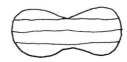

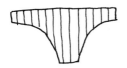  

趁比基尼的白色基底糖
霜尚未乾燥前，畫上藍
色直線製作出條紋比基
尼。

基底糖霜同直條紋的作
法，再畫上橫向條紋就
完成了橫條紋比基尼。

  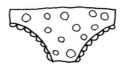

豹紋比基尼的繪製方法
與水玉點點的繪製技巧
相同。

 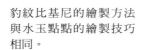

以牙籤拉畫大理石紋的
方法繪製漩渦紋。

交通工具
【面＋線＋點＋針織紋】＆銀色線條

製作可愛的輪船及直昇機糖霜餅乾。
直昇機的螺旋槳容易碎裂，製作時請多加注意！

小車車、電車……
連熱氣球都可以糖飾來繪製喔！
將交通工具造型的糖霜餅乾送給小朋友，絕對是一種驚喜！

P.58至P.59圖案＆畫法Point

請分別作出輪船、直昇機、卡車的部位小糖飾，再黏貼至交通工具上，既方便又可愛。

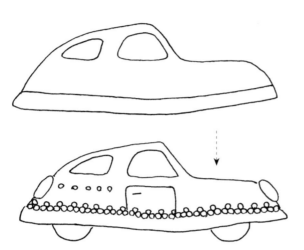

輪胎的顏色為綠色與紫色
調合出的新顏色。

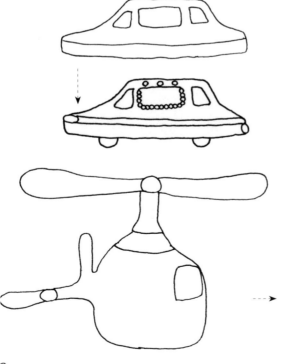

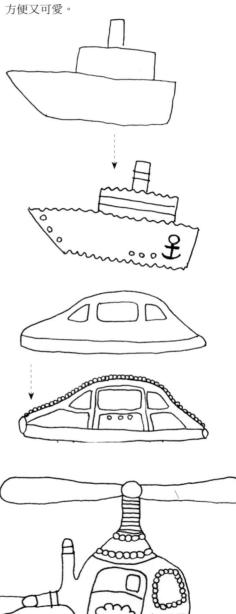

先描繪出交通工具的輪
廓，再填入色彩柔軟的糖
霜，最後將「線・點」紋
樣重疊組合就完成了！

暖洋洋の針織物
【面＋線＋點＋針織紋】

組合毛衣、鈕釦、毛線等針織圖樣，
選擇暗色系的色彩更能營造冬季暖和的氛圍。

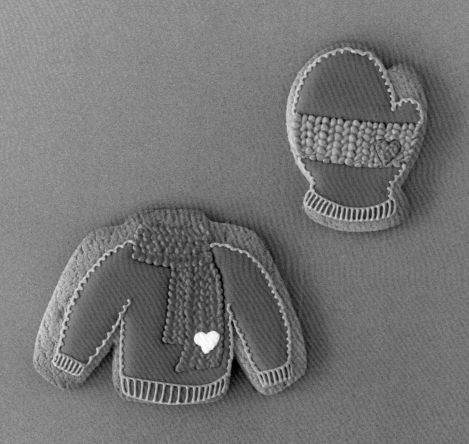

針織紋樣的毛衣&圍巾&手套。
製作與真正的毛衣&圍巾&手套相似的圖案，
讓人打從心底溫暖了起來！

P.62至P.63圖案&畫法Point

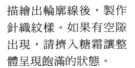

描繪出輪廓線後,製作
針織紋樣。如果有空隙
出現,請擠入糖霜讓整
體呈現飽滿的狀態。

趁糖霜呈半乾燥狀態
時,以牙籤戳出幾個孔
洞製成鈕釦。

空出需要作出針織紋的部位，其他部分先製作完成後，再以糖霜繪製針織紋路填滿事先空出的部位。

格紋&愛心【線＋點】

細緻的格紋是此款餅乾最讓人愛不釋手的關鍵裝飾。
繪製十字繡般的紋樣，待乾燥後裝飾一些彩色花朵就完成了！

洋溢甜蜜氛圍的心型餅乾。
將花朵裝飾於餅乾底部的位置，會使整體更均衡協調。

P.66至P.67圖案&畫法Point

首先以白色的糖霜繪製格紋。
畫出橫條紋後，再重疊上直條紋。

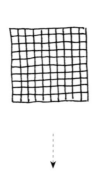

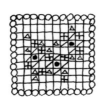 

- ● 紅色
- ╱ 淺紅色
- ＋ 綠色
- △ 淺綠色

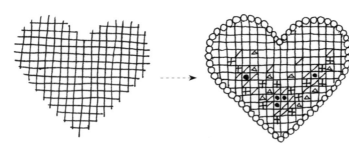

參考圖示，將點與點
重疊黏貼，點點之間
稍有間隔落差不會影
響整體的美感。

Step4

在特別日子傳遞情意の糖霜餅乾

重要的日子總是想好好慶祝一下，就從製作糖霜餅乾開始！
從基礎作法至進階技巧都學會了，
就使出渾身解數來完成這些具有特殊意義的糖霜餅乾。
不論是在家與家人一起享用或製成禮物，
收到的人一定會非常開心，
馬上動手製作傳遞暖暖心意的糖霜餅乾吧！

BIRTHDAY　　水玉點點的包裝盒裡面裝了什麼特別的驚喜呢……？
這真是一個令人忍不住想要拉開緞帶的禮物盒糖霜餅乾呢！

兩根造型時尚＆色彩繽紛的祝福蠟燭，
舞動的燭火似乎照映著我們的歡樂派對！

P.70至P.71圖案&畫法Point

以糖霜描繪輪廓後，在內部填滿糖霜，參考P.70的圖示繪製水玉點點（作法參見P.24）。

先分別製作火焰及蠟燭，再
重疊上蠟燭融化的部分。

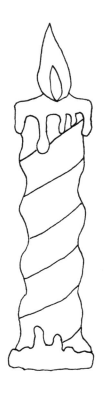

字與字之間請連接在一起，
最後在畫上點的部分。

Congratulations

若字的線條太細容易折斷，
請以粗線條製作。

CHRISTMAS　　　　餅乾裡蘊含著滿滿的祝福心意，
　　　　　　　　　以及假期來臨前的期待與喜悅……

由美麗的降雪堆積出來的白色聖誕節。
裝飾華麗的糖霜餅乾屋中正傳出陣陣幸福香甜的滋味呢！

P.74至P.75圖案&畫法Point

以細線繪製線條容易斷掉，在還沒有完
全上手前請先以粗線製作。

房子的紙型在餅乾取型時使用。房子組裝時，可在內側放上威化餅乾等有明顯稜角的餅乾作支撐，再以糖霜黏合，即可讓房子組裝得更加漂亮。等到房子基本輪廓完成後，在裝飾上大門、窗戶等部位。屋頂上的白雪，請以比中等硬度再軟一些的糖霜繪製，再以細水彩筆拉畫滴垂狀就完成了！

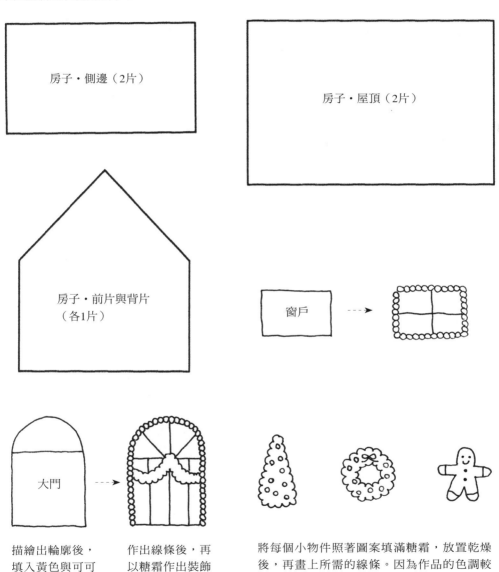

房子・側邊（2片）

房子・屋頂（2片）

房子・前片與背片
（各1片）

窗戶

大門

描繪出輪廓後，
填入黃色與可可
色的糖霜。

作出線條後，再
以糖霜作出裝飾
在大門上的綠色
花串。

將每個小物件照著圖案填滿糖霜，放置乾燥後，再畫上所需的線條。因為作品的色調較深，若在糖霜尚未完全乾燥前就畫上線條，線條的顏色有可能會暈開，將原本作好的圖樣染成雜色，製作時須多加留意。

VALENTINE'S DAY

以少女情懷的蕾絲裝飾愛心形狀的餅乾，
送出愛的訊息，
此款餅乾一定能完整傳達你的心意！

圖案&畫法

花瓣邊緣請左右搖晃擠
花袋前端尖嘴部分，擠出
蕾絲感的糖飾，再畫出格
紋。格紋的圖樣與範例圖
不同也沒有關係，以固定
的間距製作格紋即可，內
側的花瓣也是同樣作法。

先完成內側的圓弧的輪廓，再進行蕾絲部分的製作。一邊左右搖晃擠花袋的
前端尖嘴一邊擠花，即可作出像蕾絲狀的糖霜裝飾，最後在邊線內側填入軟
糖霜，放置乾燥後就完成了！

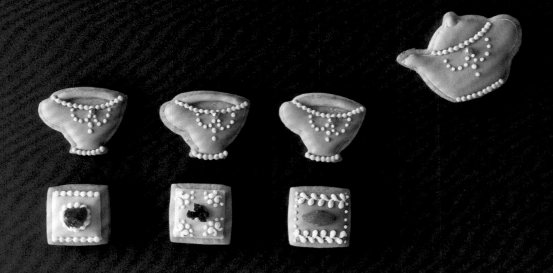

TEA PARTY

「大家來享用吧！」
讓我們將濃郁的紅茶倒入粉紅色可愛茶杯中，
享受美好的下午茶時光！

杯子蛋糕風的糖霜餅乾。
分別裝飾上華麗的玫瑰與蝴蝶糖飾,
讓餅乾縈繞著羅曼蒂克的氛圍!

P.80至P.81圖案&畫法Point

描繪出基礎的輪廓線後，填滿內側空白，以「點·線」繪製紋樣就完成了！

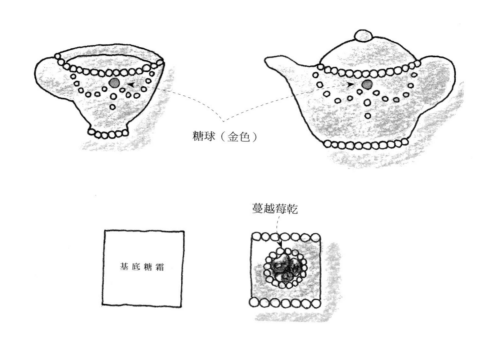

糖球（金色）

蔓越莓乾

基底糖霜

將乾燥的水果乾細切，裝飾糖霜的表面。重疊2片基底糖霜，會讓糖霜餅乾看起來像個精緻的花式小蛋糕。

葡萄乾

青葡萄乾

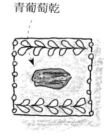

作法：在杯子的底部擠入少量的硬
糖霜，再放上餅乾，使餅乾與杯子
黏合固定。再以同樣作法，重疊黏
合數片餅乾，再以花形擠花嘴在最
上層的餅乾上擠出些許硬糖霜，黏
合玫瑰及蝴蝶等糖飾。最後趁糖霜
尚未完全乾燥之前，撒上閃亮的金
箔糖粉作裝飾。

與P.79的蕾絲糖飾作法相同，請一邊
晃動擠花袋的尖嘴，一邊擠出鋸齒的
糖霜，便可營造出華麗的氛圍。將完
成的糖霜翻轉至平面（與蛋糕底紙接
觸的那一面）即使表面有些凹凸不平
也沒不影響作品的美感。

WEDDING

糖霜餅乾也可以推疊出華麗的三層婚禮蛋糕！
雖然個頭小小，但是裝載的滿滿的祝福心意。

新郎與新娘好可愛啊！
這款糖霜餅乾將會是送給幸福新人最棒的禮物⋯⋯

P.84至P.85圖案&畫法Point

婚禮蛋糕
作法：
將數片餅乾以少量的糖霜（中等或硬糖霜）黏合重疊，側
面以軟糖霜補平，再以水玉點點來裝飾邊緣部位，最後黏
貼上糖球（金色）及愛心作裝飾就完成了。

以邊線描繪出輪廓後，再以
軟糖霜填滿表面。

先分別完成白鴿、愛心、幸運草等
糖飾，最後再黏貼至窗戶。

Happy

繪製英文字母時，字母與字母之間
要不中斷地連接在一起喔！

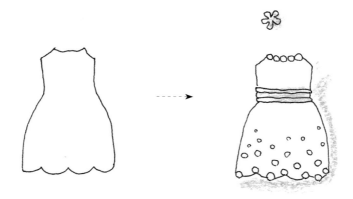

輪廓描繪完成後，填滿內側空白部分，最後畫上「點與線」
作裝飾。禮服上的花朵請預先製作完成。

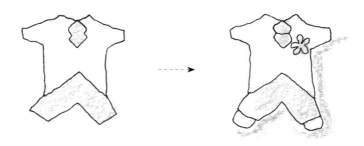

＊新娘禮服的裙襬部分有稍微剪裁成短版。

[本書使用的餅乾模型]

＊以下介紹的日本材料店皆有販賣本書所使用的模具及工具。

（可於台灣的材料店找尋相同或相似的模型進行製作）

＊進口的模型不一定長期供應，購買前請事先確認。

＊（ ）內為大略的尺寸（寬×長）。

★Witchcarft

155-0032

東京都世田區代沢4-26-9

Tel：03-54308350

http://www.witchs.net/

P.85　窗戶（40×52mm）

★KitchenMaster

180-0003

東京都武藏野市吉祥寺南町1-9-10

Tel：0422-41-2253

http://kitchenmaster.jp/

P.37　菊花模（直徑45mm）

P.51　圓形模（直徑48mm）

P.78　圓形模（直徑68mm）

P.81　菊花模（直徑45mm）

※上記四個模型皆使用雙面可用「套組餅乾模（パテ き型）」。此處使用的是七個一組的
模型。

★自由が丘WING

http://www.rakuten.co.jp/gold/tubasa55/

P.67心形模（54×58mm）

★CUOCA

http://www.cuoca.com/

P.59　小車（53×25mm）

P.62　女孩（33×55mm）

P.66　四角形（35×35mm）

P.85　新郎（35×50mm）

　　　新娘（33×55mm）

★東洋商会　おかしの森

111-0036

東京都台東　松が谷1-11-10

Tel：03-3841-9009

http://www.okashinomori.com/

P.34　圓形模（直徑25mm）

P.37　四角形模（38×38mm）

P.50　圓形模（直徑45mm）

P.62　圓形模（直徑25、35、45mm）

P.67　迷你心形（35×30mm）

P.80　四角形模（25×25mm）

P.81　菊花模（直徑35mm）

P.84　圓形模（直徑25、35、45mm）

　　　菊花模（直徑57mm）

★Nut2deco

http://www.nut2deco.com/

P.33　Biscuit餅乾模型（68×45mm）

＊這個模型收在「standterAlphabet cookie stamp」
　餅乾模型套組中

P.36　葉片（37×50mm 40×44mm）
　　　小兔子（47×70mm）

P.38　55 小熊（53×72mm）

P.58　直昇機（75×60mm）

P.59　卡車 （75×32mm）
　　　大車（77×33mm）

P.63　毛衣（104×75mm）
　　　手套（53×73mm）

P.70　聖誕禮物（77×81mm）

P.71　蠟燭（27×100mm）

P.74　聖誕樹 （35×45mm）
　　　冬青葉（27×38mm）
　　　襪子（25×43mm）
　　　拐杖（25×42mm）

P.75　雪結晶（38×43mm）

P.80　茶壺（54×37mm）
　　　茶杯（38×28mm）

烘焙良品 36

彩繪糖霜手工餅乾
內附156種手繪圖例

....

作　　者／星野彰子
譯　　者／鄭純綾
發 行 人／詹慶和
總 編 輯／蔡麗玲
執行編輯／李佳穎
編　　輯／蔡毓玲・劉蕙寧・黃璟安・陳姿伶・白宜平
封面設計／翟秀美
內頁排版／翟秀美
美術編輯／陳麗娜・李盈儀・周盈汝
出 版 者／良品文化館
郵政劃撥帳號／18225950
戶名／雅書堂文化事業有限公司
地址／220新北市板橋區板新路206號3樓
電子信箱／elegant.books@msa.hinet.net
電話／(02)8952-4078
傳真／(02)8952-4084

....

2014年12月初版一刷 定價／280元

....

總 經 銷／朝日文化事業有限公司
進退貨地址／235新北市中和區橋安街15巷1號7樓
電　　話／Tel：02-2249-7714
傳　　真／Fax：02-2249-8715

....

STAFF

發 行 人／ 大沼 淳
美術指導／ 高市美佳
攝　　影／ 野川かさね
造型設計／ 田中美和子
企劃編輯／ 小橋美津子（Yap）
編　　輯／ 田中 薫（文化出版局）

國家圖書館出版品預行編目(CIP)資料

彩繪糖霜手工餅乾. / 星野彰子 著；鄭純綾譯.
-- 初版. -- 新北市：良品文化館,2014.12
面；　公分. -- (烘焙良品；36)
 ISBN 978-986-5724-24-5(平裝)
1.點心食譜
427.16　　　　　　　　　103020786

嚴選 *All natural* 自然味烘焙

心型巧克力麵包
⋮
一個 類似品
235 kcal

低卡食譜

152 kcal

老鼠巧可力奶油麵包
⋮
一個 類似品
290 kcal

低卡食譜

192 kcal

好吃不發胖的低卡麵包
37道低脂食譜大公開
茨木くみ子◎著／定價：280元

好吃不發胖低卡麵包part2——
39道低脂食譜大公開
茨木くみ子◎著／定價：280元

好吃不發胖！

模型餅乾

一個 類似品

170 kcal

→

低卡食譜

122 kcal

奶油泡芙

一個 類似品

202 kcal

→

低卡食譜

121 kcal

好吃不發胖低卡甜點
47道低脂食譜大公開

茨木くみ子◎著／定價：280元

好吃不發胖低卡甜點part2──
38道低脂食譜大公開

茨木くみ子◎著／定價：280元